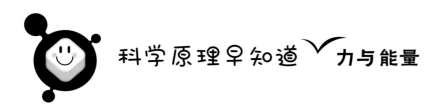

科学原理早知道 力与能量

U0385472

游乐场
动起来

[韩] 金亨根　文
[韩] 崔玄姝　绘
罗兰　译

化学工业出版社
·北京·

"蓝蓝的天空，蓝蓝的天空，在梦中的绿色山坡上，
小山羊宝宝吃着草，玩耍着，看上去很开心……"
丽丽和爸爸一起去游乐场玩。
她哼着歌向入口跑去，
想着要玩有趣的游乐设施，心里美滋滋的。

丽丽和爸爸一起来到了游乐场。

1

"哇，真棒！"

在游乐场里有很多又神奇又有趣的游乐设施。

"在游乐设施里面隐藏着各种各样的力。"

"各种各样的力？"

丽丽听了爸爸的话，很好奇游乐设施里隐藏了什么力。

"丽丽呀，我们一边玩游乐设施，一边找一下隐藏在它里面的力怎么样？"

"好呀，爸爸。先去玩那个吧！"

游乐设施中隐藏着各种各样的力。

丽丽和爸爸最先去坐过山车。
过山车开始缓缓地向上走，
丽丽的心开始怦怦乱跳。
哐当哐当……过山车突然开始向下冲。
"啊啊啊！"
周围响起了尖叫声。

过山车飞速向下冲，然后又开始向上走。

这次沿着弯弯曲曲的轨道绕着圈前进着，

咣当咣当。

过山车每次绕圈转弯，

人的身体就会歪到一边。

"爸爸，为什么身体会倒向外面呢？"

"这个啊，这是因为离心力的作用。"

"什么是离心力？"

"物体在做圆周运动的时候，让物体远离中心的力就是离心力。"

圆周运动
物体与圆心保持相同距离
转圈就叫做圆周运动。

中心

过山车绕圈的时候，身体会向外倾斜。这就是离心力。

"但是我们的身体为什么不会从过山车里掉到外面去呢？"
丽丽闭紧了双眼，向爸爸提问道。
"因为安全带紧紧地抓着我们。
如果解开安全带，大概我们会飞出去很远。
像这样，在做圆周运动时，不让我们飞出去，向里面紧紧抓着我们
的力就叫做向心力。"

离心力

向心力

离心力和向心力

在线的一端系上橡皮，然后旋转，线就会做圆周运动。这时，如果把线切断，橡皮就会因为离心力的作用飞出去很远。但是线一直向圆的中心拉着橡皮。这个力就叫做向心力。物体在做圆周运动的时候产生的离心力和向心力，虽然大小一样，但方向是相反的。

过山车在做圆周运动的时候，安全带向内抓着我们的身体，不让我们飞出去。这就是向心力。

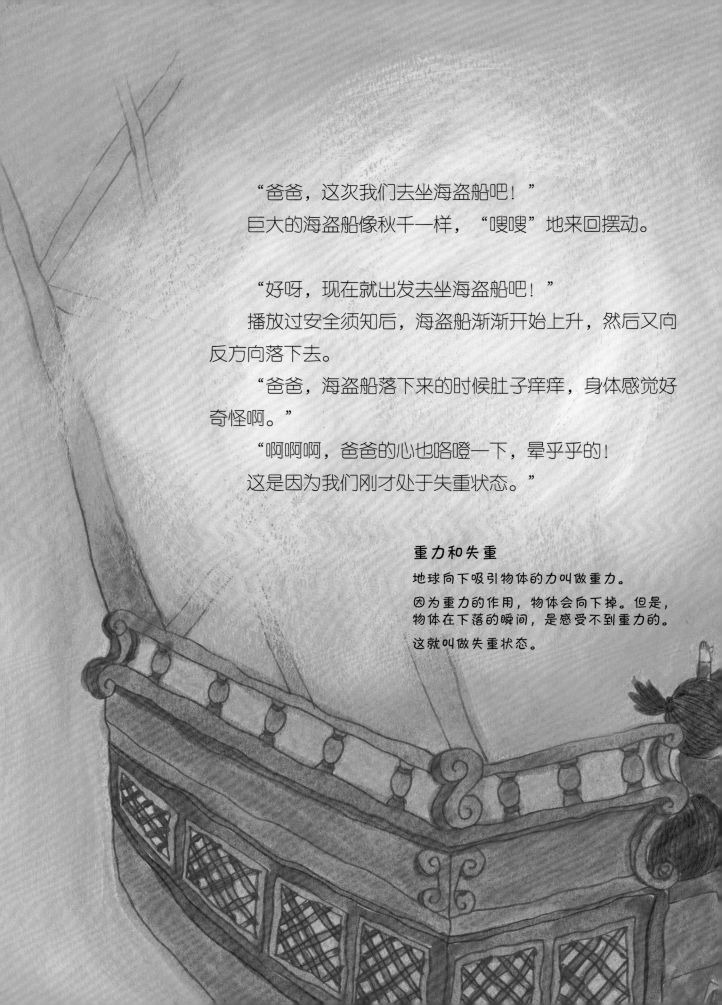

"爸爸，这次我们去坐海盗船吧！"
巨大的海盗船像秋千一样，"嗖嗖"地来回摆动。

"好呀，现在就出发去坐海盗船吧！"
播放过安全须知后，海盗船渐渐开始上升，然后又向反方向落下去。
"爸爸，海盗船落下来的时候肚子痒痒，身体感觉好奇怪啊。"
"啊啊啊，爸爸的心也咯噔一下，晕乎乎的！
这是因为我们刚才处于失重状态。"

重力和失重
地球向下吸引物体的力叫做重力。
因为重力的作用，物体会向下掉。但是，物体在下落的瞬间，是感受不到重力的。
这就叫做失重状态。

海盗船向下落的时候，头晕乎乎的感觉很奇怪。

"但是为什么下落的时候会晕乎乎的，还有点想吐呢？"

　　"这是因为在我们下落的瞬间感受不到重力，是失重的状态。没有了一直吸引我们身体的力，我们就会晕乎乎的，身体的感觉也很奇怪……啊啊啊！"

　　刚刚还在讲解的爸爸突然闭紧双眼，大声尖叫起来。

　　"爸爸，把脚用力踩在地上试试，可以减轻晕乎乎的感觉。"

　　"嗯，对。把脚用力踩到地上，就能够感受到一点重力。多亏了丽丽，爸爸的头晕减轻了。"

浮力

如果把物体浸泡在水中，水会产生将物体向上推的力。这个力就叫做浮力。

水中的物体虽然都有向下作用的重力，但是鸭子船有和它反方向作用的浮力，所以能够浮在水面上。

鸭子船

过山车

海盗船落下来的时候头晕乎乎的，感觉很奇怪，都是因为感受不到地球的重力。这就是失重状态。

摩擦力

一个物体和另一个物体接触的时候，就会
产生阻碍运动的力，这个力叫做摩擦力。

越滑的地方摩擦力会越小，所以在光滑
的表面用很小的力就能够移动物体。

另外，越轻的物体，产生的摩擦力就越小，
用很小的力就能够移动。

滑旱冰

弹力

无论受到外界什么样的力，物体
变形之后，如果那个力消失，
物体都会恢复到原来的模
样。这种性质就叫做弹性。

这时产生的力就叫做弹力。

蹦极的时候，人掉下去会再
弹回来，

就是因为橡皮绳的弹力。

蹦极

"哎呀，咣咣！"

在所有的游乐设施里面，丽丽最喜欢的就是碰碰车。

丽丽开心地开着车，

旁边的碰碰车撞到了丽丽的碰碰车。

丽丽的碰碰车向旁边飞去，对方的碰碰车也向后飞去。

"爸爸，那个车撞到了我们的车后，为什么会向后飞出去呢？"

"这是因为作用力与反作用力。

那辆车撞到我们的车的力叫做'作用力'，

同样，我们自己的车也受到了冲击，

这个冲击对于那辆车的力就叫做'反作用力'。"

"原来是这样！那辆碰碰车因为反作用力才向后飞去的。"

我的碰碰车和别人的碰碰车相撞后都飞了出去。这时，别人的碰碰车的力是作用力，我的碰碰车的力是反作用力。

丽丽和爸爸来到了体验自由落体的蹦极项目旁边。

是一种在脚上系上绳子，再从高处跳下来的游乐设施。

蹦极台的下面是湖水。

"爸爸，加油！"

受到了丽丽的鼓励，爸爸很帅气地跳了下去。

爸爸一直向下落，身体掉进了水里。

"奇怪，刚才玩蹦极的人都没有碰到水里啊……"

丽丽对爸爸为什么掉进水里感到很好奇。

"这是因为爸爸的体重比较重。

所以绳子被拉得更长，身体就掉进水里面了。"

旁边的救生员叔叔亲切地解释道。

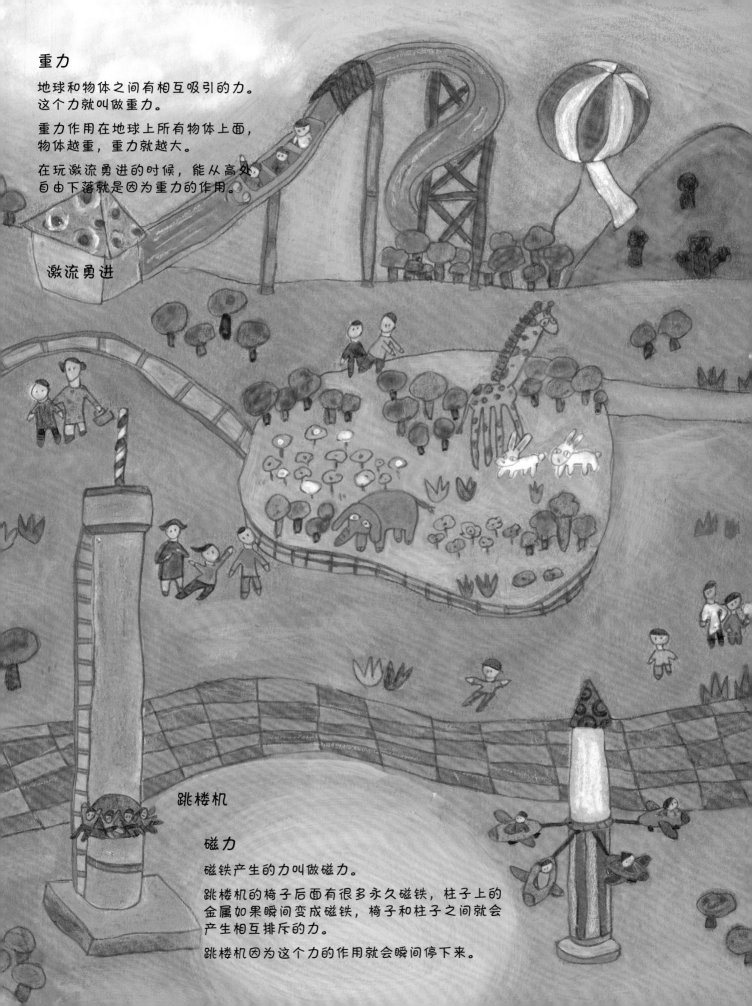

重力

地球和物体之间有相互吸引的力。
这个力就叫做重力。

重力作用在地球上所有物体上面，
物体越重，重力就越大。

在玩激流勇进的时候，能从高处
自由下落就是因为重力的作用。

激流勇进

跳楼机

磁力

磁铁产生的力叫做磁力。

跳楼机的椅子后面有很多永久磁铁，柱子上的
金属如果瞬间变成磁铁，椅子和柱子之间就会
产生相互排斥的力。

跳楼机因为这个力的作用就会瞬间停下来。

自由落体
是指飘在空中的物体因为重力的作用
会向下落。

玩蹦极的时候，因为重力的作用，身体会向下掉。这就叫做自由落体。

19

爸爸的身体掉进湖里，然后又向上弹了起来。

"啊啊啊！"

爸爸的尖叫声从远处传来。

"叔叔，为什么蹦极的时候，掉下去了还会弹起来呢？"

"这是因为蹦极用的绳子是橡皮绳，是用成千上万的橡皮筋缠在一起做成的。

橡皮绳有能够伸缩的力，所以人会被再拉到上面来。"

"看到爸爸那么害怕，真的好可怜。"

"万一绳子没有被拉长的话，重力会全部作用到身体或者脚踝上，那样非常危险。"

"橡皮绳伸长会让人慢慢地停下来。"

弹力

弹簧有被拉长就会收缩，被挤压就会伸长的性质。这种能恢复原来模样的性质叫做弹性，这时产生的力叫做弹力。

蹦极用的绳子是橡皮绳。橡皮绳被拉长的时候会收缩，被压缩的时候会伸长。这就叫做弹力。

"丽丽，消消汗，我们去滑冰怎么样？"

"哇，好啊！爸爸要和我比赛吗？"

丽丽和爸爸开始比赛滑冰。

"冰面上为什么会这么滑呢？"

"当然是因为冰很滑。"

"也可以这样说，是因为再结冰现象。"

冰刀压在冰上的力会让冰融化变成水。

水减少了冰和冰刀之间的摩擦力，就会变得很滑。

如果没有了冰刀的按压力，水就会再结成冰，这就叫做再结冰现象。

如果非常冷的话，就算受到冰刀的按压，冰也不会融化。那样冰就不会很滑了。

冰的再结冰现象

将两个很重的秤砣用铁丝连接起来，再把铁丝挂在冰块的上面。冰块因为受到铁丝的压力就会融化。这样铁丝就能够穿过冰块，冰块也会再次结冰变回原来的状态。这就叫做再结冰现象。

滑冰的时候，冰刀按压冰面的力会使冰融化成水，所以就会变得很滑。

"爸爸，滑雪或者滑雪橇的时候为什么也很滑呢？"
"这是因为摩擦生热引起的。
双手互搓会变得温暖对不对？
同样，滑雪板或者雪橇在雪上面滑的时候，因为摩擦生热，雪就会融化变成水。
这些水会减少雪和滑雪板之间的摩擦，让滑雪板变得更滑。"

冰刀的刀很尖锐，所以压在冰面上的力很大，冰就很容易融化掉。

但是，滑雪板或者雪橇和雪接触的面比较宽，雪不容易融化。

由于滑雪板或者雪橇和雪的接触面很大，在雪上面滑行的时候会产生很多的摩擦热。

这个热量会让雪融化变成水，这样就会变得很滑。

但是，天气很冷的时候，雪就没那么容易融化掉，滑雪板就不会很滑。

滑雪板或者雪橇在雪上面经过的时候会产生摩擦力，所以雪就会融化成水，这样就会变得很滑。

"现在我们就回家吧！"

丽丽和爸爸坐上车准备回家。

汽车在高速公路上行驶。

经过弯弯曲曲的路段，身体就会向旁边倾斜。

"爸爸，为什么这条路的外面比里面要高一些呢？"

"汽车行驶在弯曲路面的时候，

因为离心力的作用，汽车会产生向外的力。

这样就很容易发生交通事故。

为了防止事故发生，路的外侧会建得比较高。

这样汽车就不会跑到路的外面去了。"

"我们身边运用力的原理的地方可真多啊。"

丽丽听了爸爸的话这样想着。

弯曲的高速公路的外侧比内侧建得高。这是为了防止汽车因为离心力的作用跑到道路外面去。

想要持续这样

飞速前进的过山车突然停了下来，身体会怎么样呢？

身体会向前倾斜，想要继续向前移动。

但是慢慢转圈的旋转木马缓慢地停下来的时候，身体就不会向前倾。

这是为什么呢？

实验材料　杯子、厚纸板、硬币、线、透明胶带

实验方法

1. 用透明胶带把线固定在厚纸板的一端。
2. 把厚纸板盖在杯子上面，然后在中间放上硬币。
3. 抓住线，突然将厚纸板抽出来，硬币会怎样呢？
4. 这次抓住线慢慢地拉动厚纸板，硬币会怎样呢？

实验结果

抓住线，快速将厚纸板抽出来。只有
纸板被抽走了，硬币掉进了杯子里面。

抓住线慢慢地拉动厚纸板的话，厚纸
板和硬币一起被拉走了。

为什么会这样呢？

　　如果快速用力拉线将厚纸板抽出来的话，硬币就会掉到下面。如果慢慢地拉动厚纸板，硬币就会和纸板一起被拉走。原来硬币静止放在纸上面，就算是纸突然消失了，硬币也依旧想要待在原来的位置上，所以就会掉到下面去。但是，慢慢地拉动纸板，硬币就会想要和纸板一起运动，所以会和纸板一起被抽走。像这样物体想要继续维持现有状态的性质就叫做惯性。

放飞气球火箭吧！

科学家牛顿发现了作用力和反作用力的定律。

根据这一定律，一个物体如果受到力，这个物体也会给出反方向的力。

用气球制作的火箭可以说明作用力与反作用力的定律。

那么，现在就试着制作一个气球火箭吧！

实验材料　气球、粗吸管、剪刀、透明胶带、线、尺子

实验方法

1. 把吸管剪成 10 厘米长左右，把线穿到吸管中间。
2. 把线的一端固定在墙上。
3. 用手拉住线的另一端，把线拉直。
4. 把气球吹起来，然后扎紧气球嘴。再用透明胶把气球贴到吸管上面。
5. 把扎紧的气球嘴松开。气球会怎样呢？

   在实验的时候，如果没有其他人帮忙，可以把线的两端都固定起来。

实验结果

气球顺着线像火箭一样迅速移动。

为什么会这样呢？

如果把气球嘴松开，气球里面的空气就会喷出来，并且推动外面的空气。推动外面空气的力（作用力），让气球向前走的力（反作用力）产生了。如果气球里面的空气喷完了，那么气球火箭就不会继续向前走了。

29

问题 链球运动员在扔链球的时候为什么要一圈圈地旋转呢？

链球是球形的金属。扔链球是抓住链球上的把手将链球扔远的竞技项目。链球运动员在扔链球之前会快速地转圈。这是为了利用离心力把链球扔得更远。转的圈越小、转的速度越快，所产生的离心力就越大。这时运动员抓着把手的力就是向心力。运动员如果松开把手，链球就会受离心力的作用飞出去很远。

问题 玩大转盘为什么会头晕呢？

大转盘旋转的时候我们的身体也会和大转盘一起旋转。当大转盘停下来的话，由于惯性，我们的身体还想要继续旋转。在杯子里装一些水，使劲摇晃杯子，杯子里的水不会洒出来，而是会和杯子一起摇晃。如果杯子突然停下来，水就会因为惯性，向原来的运动方向洒出去。我们身体里有感受旋转的器官(半规管)。突然停下来后，我们身体里的这个器官还会想要继续旋转，所以我们就会感觉头晕。

问题 行驶的汽车突然停下来，乘车人的身体都会向前倾，这是为什么呢？

这也是因为惯性。所有的物体都有维持自身运动状态的性质。行驶的汽车突然停下来，车里面乘坐的人都有会继续向前走的惯性。所以汽车停下来，人们的身体就会向前倾。

问题 为什么扔起一块石头，石头会落到地面上，但是灰尘就不容易落下来呢？？

因为地球吸引着所有物体，所以石头会落下来。有质量的所有物体都有互相吸引的力。这个力就叫做万有引力。在万有引力中，地球的吸引力叫做重力，物体的质量越大，重力就越大。

像石头这种重的物体会立刻落向地球的引力方向。但是，像灰尘这种很轻的物体就不会直接落下来，而是在空中飞舞。这是因为风吹的力比地球对灰尘的吸引力更大。如果没有风，空气不流动的话，灰尘也会直接落到地上。

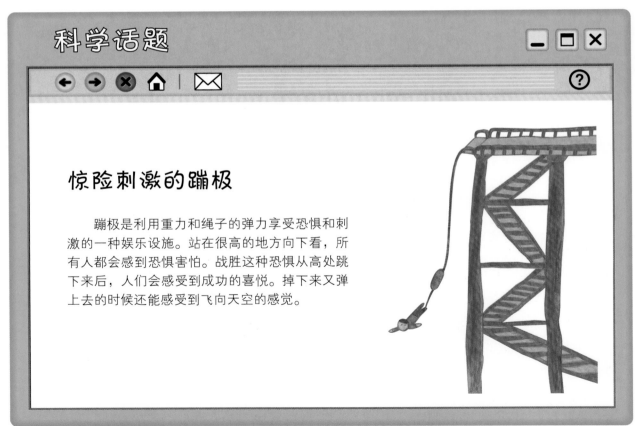

科学话题

惊险刺激的蹦极

蹦极是利用重力和绳子的弹力享受恐惧和刺激的一种娱乐设施。站在很高的地方向下看，所有人都会感到恐惧害怕。战胜这种恐惧从高处跳下来后，人们会感受到成功的喜悦。掉下来又弹上去的时候还能感受到飞向天空的感觉。

这个一定要知道！

1 物体做圆周运动的时候，让物体远离中心的力叫做什么？

- ☐ 离心力
- ☐ 摩擦力
- ☐ 失重
- ☐ 重力

2 海盗船从上向下落的时候，心脏怦怦乱跳还会头晕，这是为什么呢？

- ☐ 因为向心力
- ☐ 因为离心力
- ☐ 因为刮风了
- ☐ 因为是失重状态

3 下面哪种现象可以用作用力与反作用力的原理来解释？

- ☐ 从蹦极台上跳下去的话，会向下掉
- ☐ 坐过山车的时候，身体会向一边倾斜
- ☐ 碰碰车相撞之后，两辆车都会飞出去
- ☐ 在雪上面雪橇越轻就越滑

4 滑冰时为什么会很滑呢？

- ☐ 因为冰的再结冰现象
- ☐ 因为弹性力
- ☐ 因为是失重状态

答案/4. 因为冰的再结冰现象

1. 离心力/2. 因为是失重状态/3. 碰碰车相撞之后，两辆车都会飞出去

32

科学原理早知道 力与能量

推荐人 朴承载 教授（首尔大学荣誉教授，教育与人力资源开发部 科学教育审议委员）
作为本书推荐人的朴承载教授，不仅是韩国科学教育界的泰斗级人物，创立了韩国科学教育学院，任职韩国科学教育组织联合会会长。还担任着韩国科学文化基金会主席研究委员、国际物理教育委员会（IUPAP-ICPE）委员、科学文化教育研究所所长等职务，是韩国儿童科学教育界的领军人物。

推荐人 大卫·汉克（Dr.David E.Hanke）教授（英国剑桥大学 教授）
大卫·汉克教授作为本书推荐人，在国际上被公认为是分子生物学领域的权威，并且是将生物、化学等基础科学提升至一个全新水平的科学家。近期积极参与了多个科学教育项目，如科学人才培养计划《科学进校园》等，并提出《科学原理早知道》的理论框架。

编审 李元根 博士（剑桥大学 理学博士 韩国科学传播研究所 所长）
李元根博士将科学与社会文化艺术相结合，开创了新型科学教育的先河。
参加过《好奇心天国》《李文世的科学园》《卡卡的奇妙科学世界》《电视科学频道》等节目的摄制活动，并在科技专栏连载过《李元根的科学咖啡馆》等文章。成立了首个科学剧团并参与了"LG科学馆"以及"首尔科学馆"的驻场演出。此外，还以儿童及一线教师为对象开展了《用魔法玩转科学实验》的教育活动。

文字 金亨根
在首尔教育大学科学教育专业毕业后，继续就读于延世大学教育研究生院物理教育专业，现担任首尔新溪小学的一线教师。同时在科学英才教育学院、发明教室、科学中心学校等机构担任讲师。并在多年间一直参加EBS科学节目录制，解答孩子们对科学的好奇心。致力于儿童科学教育，积极参与小学教师联合组织"小学科学信息中心""小学科学守护者"。

插图 崔玄姝
大学所学专业为插画专业，现在是一名自由插画家。代表作有《化身博士》《80天环游世界》《汤姆叔叔的小屋》《金老头和李老头》《智慧谚语论述》等。

놀이 기구에 작용하는 힘
Copyright © 2007 Wonderland Publishing Co.
All rights reserved.
Original Korean edition was published by Publications in 2000
Simplified Chinese Translation Copyright © 2022 by Chemical
Industry Press Co.,Ltd.
Chinese translation rights arranged with by Wonderland Publishing Co.
through AnyCraft-HUB Corp.,Seoul, Korea & Beijing Kareka
Consultation Center, Beijing, China.
本书中文简体字版由 Wonderland Publishing Co. 授权化学工业出版社独家发行。
未经许可，不得以任何方式复制或者抄袭本书中的任何部分，违者必究。

北京市版权局著作权合同版权登记号：01-2022-3287

图书在版编目（CIP）数据

游乐场动起来 / (韩) 金亨根文；(韩) 崔玄姝绘；
罗兰译.—北京：化学工业出版社，2022.6
（科学原理早知道）
ISBN 978-7-122-41011-5

Ⅰ.①游… Ⅱ.①金…②崔…③罗… Ⅲ.①力学—
儿童读物 Ⅳ.①03-49

中国版本图书馆CIP数据核字（2022）第047716号

责任编辑：张素芳
责任校对：王　静
封面设计：刘丽华
装帧设计：溢思视觉设计／程超

出版发行：化学工业出版社
　　　　　（北京市东城区青年湖南街13号　邮政编码100011）
印　　装：北京华联印刷有限公司
889mm×1194mm　1/16　印张2¼　字数50千字
2023年1月北京第1版第1次印刷

购书咨询：010-64518888
售后服务：010-64518899
网　　址：http://www.cip.com.cn
凡购买本书，如有缺损质量问题，本社销售中心负责调换。

定　　价：25.00元　　　　　　版权所有　违者必究

隐藏在游乐设施中的力

虽然我们看不见，
但是在游乐设施中隐藏着各种各样的力。
如果没有了这些力，
所有的游乐设施就都不能动了。

海盗船

失重

物体在自由下落的时候，感受不到地球和物体之间的吸引力。

这就叫做失重。

向心力和离心力

过山车在做圆周运动的时候会产生想要远离中心的力（离心力）。但是轨道和安全带会产生向中心拉的向心力。

这样我们才能安全地玩过山车。

松开装满空气的气球口, 气球就会
向前飞出去。从气球中喷出来的空
气产生的力叫做作用力, 使气球向
前飞出去的力叫做反作用力。

作用

反作用